Sebastian Brandt

Versicherung von Hochwasserschäden

GRIN Verlag

Bibliografische Information der Deutschen Nationalbibliothek:

Die Deutsche Bibliothek verzeichnet diese Publikation in der Deutschen National-
bibliografie; detaillierte bibliografische Daten sind im Internet über http://dnb.d-
nb.de/ abrufbar.

Impressum:

Copyright © 2004 GRIN Verlag GmbH
Druck und Bindung: Books on Demand GmbH, Norderstedt Germany
ISBN: 978-3-640-31922-0

Dieses Buch bei GRIN:

http://www.grin.com/de/e-book/48041/versicherung-von-hochwasserschaeden

Martin – Luther – Universität Halle - Wittenberg

Oberseminar Physische Geographie (WS 2003/04):

Hochwasserereignisse, Hochwasservorhersage, Hochwasserschutz

Thema:

Versicherung von Hochwasserschäden

8. Semester

Inhaltsverzeichnis

Abbildungsverzeichnis

1 Einleitung

Neben dem Wissen über die Entstehung und Entwicklung und Auswirkungen von Hochwasserereignissen sowie über den Hochwasserschutz spielt die Versicherung von Hochwasserschäden eine wichtige Rolle. Die Versicherung der Schäden tritt jedoch meistens erst dann in das Blickfeld, wenn es zu Hochwasserereignissen mit Schadenswirkungen gekommen ist.

In der vorliegenden Arbeit sollen die grundlegenden Punkte des Versicherungswesens im Zusammenhang mit Hochwasserereignissen beleuchtet werden.

1.1 Allgemeines

Von allen Naturgefahren treten Überschwemmungen global am häufigsten auf und führen zu den meisten Toten und zu den größten volkswirtschaftlichen Schäden. Nahezu kein Land der Erde bleibt davon verschont, auch nicht die diesbezüglich scheinbar sicheren Wüstengebiete. (Münchener Rück. 1997, S. 7)

Gerade in den letzten Jahren kam es dabei zu einer starken Häufung von Fällen mit extremen Auswirkungen. Dies betraf sowohl die hydrologischen Bedingungen als auch die angerichteten Schäden. (Münchener Rück. 1997, S. 9)

Dennoch ist die Versicherung gegen Überschwemmungen in Deutschland ein relativ junges Produkt. Seit 1991 existiert sie als Teil der so genannten erweiterten Elementarschadensversicherung. Dabei umfasst sie die Abdeckung zweier Teilgefahren. Auf der einen Seite wird ein Versicherungsschutz gegen das Ausufern stehender oder fließender Gewässer geboten. Auf der anderen Seite gibt es eine Deckung von Schäden, die auf starke Witterungsniederschläge zurückgehen.

1.2 Begriffsdefinitionen und – erläuterungen

Die Erläuterung einiger Begriffe ist aus dem Grund notwendig, da das Vokabular in der Versicherungsbranche nicht deckungsgleich mit dem Vokabular ist, das in der Physischen Geographie verwendet wird.

Naturkatastrophen werden als „groß" bezeichnet, wenn sie die Selbsthilfefähigkeit der betroffenen Regionen deutlich übersteigen und überregionale oder internationale Hilfe erforderlich machen. Dies ist in der Regel dann der Fall, wenn die Zahl der Todesopfer in die Tausende, die Zahl der Obdachlosen in die Hunderttausende geht oder substanzielle volkswirtschaftliche Schäden – je nach den wirtschaftlichen Verhältnissen des betroffenen Landes – verursacht werden. (Münchener Rück. 2003, S. 15)

Hochwasser und Überschwemmung werden zwar oft synonym verwandt, ihre Bedeutung ist jedoch von einander verschieden.
Hochwasser bezeichnet ein zeitlich begrenztes Anschwellen des Abflusses über dem Basisabfluss (Leser 1997, S. 324). Überschwemmungen sind dann gegeben, wenn Gebiete, die weder auf Grund natürlicher oder wirtschaftlicher Gegebenheiten Wasserbehältnisse sind, durch Wasser überflutet werden (Lamby 1993, S. 67). Sie überdecken die Landflächen zeitweilig aufgrund von Ausuferungen von oberirdischen Gewässern oder als Folge von Starkniederschlägen.

Nach dieser Definition können Gebäude nur von Überschwemmungen, nicht aber durch Hochwasser geschädigt werden (Lamby 1993, S. 68), sodass im versicherungstechnischen Vokabular häufig nur von Überschwemmung die Rede ist.

Überschwemmungen können in mehrere Typen unterschieden werden. Dabei kann von der Herkunft des Wassers ausgegangen werden.
Überschwemmungen, die an Wasserflächen gebunden sind, werden als Ausuferung bezeichnet. Dazu gehören u.a. Flussüberschwemmungen, Küstenüberschwemmungen, Gletscherwasserausbrüche (Jökulhlaup) und Damm- und Deichbrüche. Auf Hochwasser an Flussläufen können die meisten Überschwemmungen zurückgeführt werden.
Lokale Überschwemmungen, die von großen Wasserkörpern und Fließgewässern oft unabhängig sind, bilden den zweiten Komplex von Überschwemmungen. Dazu gehören u.a. Sturzfluten, Rückstau aber auch Grundwasseranstieg und Bodensetzung. (Münchener Rück. 1997, S. 19)

Überschwemmungen sind Elementargefahren, und haben als solche ihre Ursache in der Natur. Wenngleich der Mensch auf verschiedenste Art und Weise in die Natur eingreift, ist die Natur bei Elementarrisiken immer der primärkausale Risikofaktor (Lamby 1993, S. 55)

2 Hochwasserschäden

2.1 Überschwemmungsarten und ihre Versicherbarkeit

Unter diesem Punkt sollen die drei Überschwemmungstypen näher beschrieben werden, die von besonderer Relevanz für die Versicherungswirtschaft sind. Darüber hinaus wird die Möglichkeit der Versicherung von Sturmflut, Flussüberschwemmung und Sturzflut erläutert.

2.1.1 Sturmfluten

Sturmfluten treten vor allem an den Küsten von Meeren und großen Seen auf. Sie sind die tödlichsten aller Überschwemmungsarten und bergen das größte Schadenspotenzial der drei Haupttypen (Kron 2003 82). Das große Schadenspotenzial beruht darauf, dass vor allem entlang der Küsten eine enorm hohe Wertekonzentration gibt (Münchener Rück. 1998, S. 11).

Fast alle Küsten der Weltmeere, Binnenmeere und großer Seen sind mehr oder weniger schweren Sturmfluten ausgesetzt (Münchener Rück. 1997, S. 11). Sie werden als Folge der Klimaänderung voraussichtlich an Häufigkeit und Schadenausmaß zunehmen, da sich hier die Auswirkungen des Meeresspiegelanstiegs und einer wahrscheinlichen Verstärkung der Sturmaktivitäten addieren (Münchener Rück. 1997, S. 23).

Schäden aus Sturmfluten sind in der Regel nicht versicherbar. Dies gilt zumindest für die privatwirtschaftlich betriebene Sachversicherung (Münchener Rück 1997, S. 61). In einigen sturmflutbedrohten Ländern, an deren Küsten besonders hohe Wertekonzentrationen vorhanden sind, sind Sturmflutschäden in der Sachversicherung fast immer explizit ausgeschlossen (ebd.) Das hat unter anderem folgende Gründe.

Zunächst gibt es das Problem der so genannten Antiselektion, auf das ich im Zusammenhang mit Flussüberschwemmungen noch näher eingehen werde.

Das nächste Problem ergibt sich aus der im Allgemeinen geringen Ereignisfrequenz von Sturmfluten sowie aus dem Fehlen langer statistischer Reihen. Hierdurch ist es für die Versicherungsunternehmen außerordentlich schwierig, eine ausreichende Kalkulationsgrundlage zu bilden, auf deren Grundlage die Ermittlung der Versicherungsbeiträge erfolgen würde.

Als nächstes ist es aus Sicht der Versicherer ein Problem, dass sie keinen Einfluss auf den Deichschutz haben. Küstenschutzmaßnahmen sind Teil der staatlichen Gefahrenabwehr und beeinflussen in entscheidendem Maße die Gefährdung. Die Schutzmaßnahmen hängen somit vom Investitionswillen des Staates ab. Somit müssten die Versicherer eine Gefahr versichern, ohne dass sie einen Einfluss auf Schutz- und Vorbeugemaßnahmen haben. Schließlich spielt das regionale Kumulrisiko eine entscheidende Rolle beim Ausschluss der Versicherbarkeit einer Sturmflut. Wie der Name schon sagt, treten Sturmfluten in engem Zusammenhang mit Stürmen auf. Diese haben in der Regel Orkanstärke. Kumulrisiko bezeichnet das Risiko des Zusammentreffens mehrerer Risiken. Im Falle einer Sturmflut müsste ein Versicherungsunternehmen mit hoher Wahrscheinlichkeit sowohl Flutschäden als auch Sturmschäden ausgleichen.

2.1.2 Flussüberschwemmungen

Flussüberschwemmungen können in ihrer Ausdehnung weitaus bedeutsamer sein als Sturmfluten. So ist es nicht verwunderlich, dass die meisten aller weltweit registrierten Überschwemmungen auf Flussüberschwemmungen zurückgeführt werden können (Münchener Rück. 1997, S. 19). Die Ursache liegt normalerweise in intensiven und / oder tagelang anhaltenden Niederschlägen über großen Einzugsgebieten. Nachdem der Boden im Einzugsgebiet mit Wasser gesättigt ist, kommt es zu einem Überlandfließen und der Niederschlag fließt direkt in die Gewässer. Das gleiche ist der Fall wenn Niederschläge auf gefrorenen Boden auftreffen.

Je nach Talform können Schäden unterschiedlicher Art auftreten. In engen Tälern, in denen die Überschwemmungsflächen relativ klein sind, kommt es auf Grund hoher Wassertiefen und hoher Fließgeschwindigkeiten oft zu hohen Sedimenttransportraten und hohen mechanischen Kräften. Dadurch können sich die Schäden enorm erhöhen (Kron 2003, S. 82). Wie beim Elbehochwasser im August 2002 zu sehen war, kam es zwar in der Summe zu höheren Schäden in den flachen Gebieten. Dies waren häufig jedoch Schäden, die nach dem Rückgang des Wassers und Abtrocknung der Bausubstanz wieder behoben werden konnten. In den engeren Tälern der Fließgewässer in den Mittelgebirgen wurden hingegen zahlreiche Gebäude durch die hohe Energie der Wassermassen durch Sturzfluten völlig zerstört.

Auch bei Flussüberschwemmungen existiert, wie bei Sturmfluten, das Problem der Antiselektion. Antiselektion tritt auf, da die Interessen derjenigen, die sich gegen eine Überschwemmung versichern wollen und die Interessen derjenigen, denen die Versicherungsunternehmen eine Überschwemmungsversicherung verkaufen wollen, auseinander klaffen.

Diejenigen, die eine Versicherung gegen Überschwemmung kaufen wollen, sind in der Regel auch die gleichen, die häufig von Hochwasser betroffen sind. Die Häufigkeit der Schadensfälle bei den Personen, die mehr oder weniger regelmäßig betroffen sind, führt dazu, dass es für den Versicherer nicht mehr unvorhersehbar ist, dass ein Schaden eintritt. Diese Vorhersehbarkeit der Schäden führt dazu, dass seitens des Versicherers in der Regel nur ein geringes Interesse an einer Versicherung besteht.

Diejenigen, die nicht an Gewässern wohnen und sich vor Überschwemmungen relativ sicher wähnen, haben kein Interesse eine Überschwemmungsversicherung abzuschließen. In den Augen der Versicherer währen sie jedoch die liebsten Kunden, dabei ihnen die Eintrittswahrscheinlichkeit einer Überschwemmung eher gering ist.

Als Folge besteht nur ein sehr kleines Kollektiv von Versicherten, die auch noch einem hohen Risiko unterliegen. Diesen Effekt nennt man Antiselektion (Kron 2003, S. 96). Da innerhalb des Versichertenkollektivs weder ein geographischer noch ein zeitlicher Risikoausgleich möglich ist, sind die zu zahlenden Prämien unter Anwendung herkömmlicher Versicherungstechniken in der Regel so hoch, dass sie für den Versicherungsnehmer in der Regel prohibitiv wären und eine Abschlussbarriere darstellen würden (Münchener Rück 1997, S. 61f). Dies steht dem Versicherungsprinzip entgegen, dass darauf beruht, dass eine große Zahl von Versicherungsnehmern über eine lange Zeit geringe Beiträge einzahlt, damit die kleine Zahl der Geschädigten bei den wenigen Schadenfällen über diesen Zeitraum hohe Schadenzahlungen erhalten kann (Kron 2001, S. 480).

Dazu kommt außerdem, dass sich die Abgrenzung der gefährdeten Bereiche und die Angabe der Schadenswahrscheinlichkeit für einen bestimmten Punkt als äußerst schwierig erweist. Dies ist insbesondere dann der Fall, wenn Hochwasserschutzmaßnahmen vorhanden sind, die auf der einen Seite über die Bemessung hinaus wirksam sein können und auf der anderen Seite auch schon bei geringeren Belastungen versagen können (Kron 2001, S. 465).

2.1.3 Sturzfluten

Sturzfluten entstehen im Regelfall durch lokale, extrem hohe Niederschläge. Dies ist typischerweise bei Unwettern der Fall. Dabei ist die Niederschlagsrate höher als die Infiltrationsrate. Die Folge sind räumlich begrenzte Überflutungen, die durch hohe Strömungsgeschwindigkeiten und ein damit verbundenes katastrophales Schadenausmaß gekennzeichnet sind. Daneben können Sturzfluten auch saisonal bedingt auftreten. Sturzfluten stellen

auch in Trockengebieten ein Problem dar, da ausgetrocknete Böden ebenso wie wasserge-
sättigte Böden ein geringes Versickerungsvermögen habe. Mit diesem Problem sind häufig
Baustellen in Trockengebieten konfrontiert.

Sturzfluten sind in den gemäßigten Breiten mit Abstand die häufigste Überschwemmungs-
art. In der Summe gesehen, sind sie wegen ihrer Häufigkeit in ihrem Schadenausmaß den
Flussüberschwemmungen ebenbürtig (Münchener Rück. 1997, S. 30f) und stehen zuweilen
am Beginn einer großen Flussüberschwemmung (Kron 2003, S. 83).

Durch Sturzfluten besteht eine Bedrohung für nahezu jeden Ort. Dabei handelt es sich
meist um von einander unabhängige und nur lokal bedeutsame Ereignisse. Diese sind zu-
fällig in Raum und Zeit gestreut (ebd.), wenngleich davon auszugehen ist, dass die Wahrscheinlichkeit einer Sturzflut in Gebirgen höher ist als in tiefer gelegenen Gebieten. Dies
resultiert neben der höheren Niederschlagswahrscheinlichkeit auch aus der stärkeren Relie-
fierung des Gebietes.

Sturzfluten lassen sich nahezu unmöglich vorhersagen. Auf Grund der nur recht kurzen
Vorwarnzeiten können sich Warnungen lediglich auf die Niederschlagsvorhersage stützen.
Deshalb ist die Möglichkeit der Schadenreduzierung nur in geringem Maß gegeben.

Da die Sturzfluten nahezu überall durch lokale Unwetter auftreten können, besteht ein brei-
tes Bedürfnis der Verbraucher nach einem entsprechenden Versicherungsschutz. Da der
geographische und zeitliche Risikoausgleich möglich ist, kann eine Versicherungsprämie,
die dem Risiko gerecht wird, relativ sicher kalkuliert werden. Somit sind Überschwemmungen, die aus Sturzfluten resultieren, in der Regel versichert werden.
Die Voraussetzung dafür ist jedoch, dass bei den Verbrauchern auch ein flächendeckendes
Bewusstsein für die flächendeckende Gefährdung vorliegt (Kron 2001, S. 466).

2.2 Bedeutung von Hochwasserschäden
Von den bislang 18 verzeichneten Naturkatastrophen mit einem Gesamtschaden von mindestens 10 Mrd. US $ sind 7 auf Überschwemmungen zurückzuführen. In den 1990er Jah-
ren entstanden Hochwasserschäden von etwa 500 Mrd. DM. Hinzu kommen die enormen
Summen für Hochwasserschutzmaßnahmen (Kron 2001, S. 461)

In Deutschland sind Überschwemmungen die häufigste Katastrophenursache.

Bei dem Elbehochwasser 2002 entstanden Schäden von etwa 9,2 Mrd. €, die sich wie folgt verteilten:

Sachsen:	6000 Mio. €
S. – Anh.:	900 Mio. €
Niedersachsen:	140 Mio. €
Thüringen:	60 Mio. €
M. – V.:	40 Mio. €
S. – H.:	6 Mio. €
Bund:	1600 Mio. €
Summe:	9200 Mio. €

Tab. 1: Schadenverteilung beim Elbehochwasser 2002

(Datenquelle: Münchener Rück. 2002, S. 27)

Die Bedeutung von Überschwemmungen wird noch deutlicher wenn man die prozentuale Verteilung von Schadenereignissen der prozentualen Verteilung der Todesopfer, der volkswirtschaftlichen Schäden und der versicherten Schäden einander gegenüber stellt.

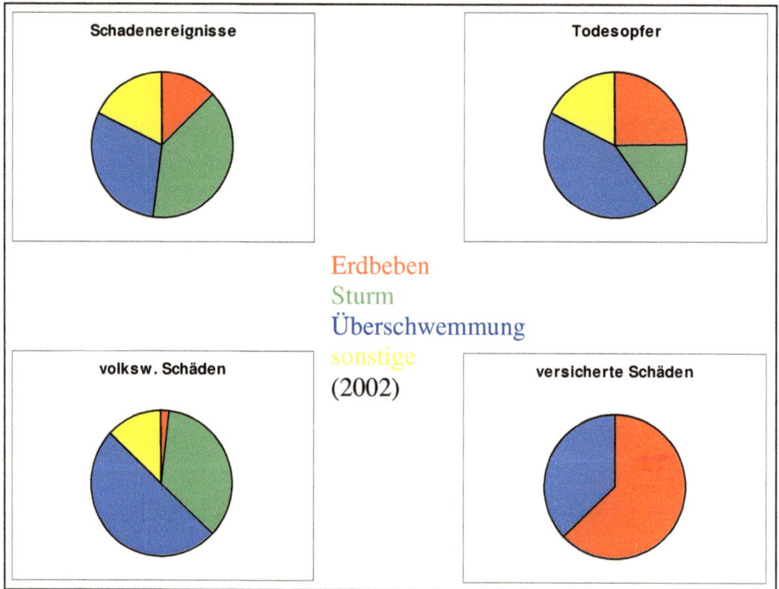

Abb. 1 Bedeutung von Überschwemmungen (Datenquelle: Münchener Rück 2003, S. 8f)

Dabei wird sichtbar, dass der Anteil, den die Überschwemmungen bei Todesopfern, Schäden und versicherten Schäden ausmachen, deutlich höher ist als der Anteil, den die Überschwemmungen an allen Naturkatastrophen ausmachen.

3 Versicherung von Hochwasserschäden

3.1 Risikopartnerschaft

Nur durch eine integrierte Vorgehensweise können Schadenreduktion und Schadenminimierung angegangen werden. Die vorsorge beruht auf 3 Komponenten: Staat, Betroffenen und Versicherungswirtschaft.

Der Staat ist in diesem Zusammenhang die Gesamtheit aller öffentlichen Stellen, d.h. staatliche und kommunale Verwaltungen und Verbände Aber auch staatliche sowie nicht - staatliche Hilfsorganisationen werden dazu gezählt.

Zu den Betroffenen werden Privatpersonen und Firmen gezählt. Der Staat kann in diesem Zusammenhang ebenfalls als Betroffener gesehen werden wenn berücksichtigt wird, dass er durch Schäden an Straßen, öffentlichen Gebäuden und sonstiger Infrastruktur ebenfalls betroffen sein kann.

Schließlich bildet die Versicherungswirtschaft die dritte Säule. Dabei wird zwischen Erstversicherern und Rückversicherern unterschieden.

3.1.1 Staat

Der Staat hat vor allem die Aufgabe, eine grundlegende Vorsorge vor Überschwemmungen zu betreiben.

Auf der einen Seite gehört dazu der Hochwasserschutz durch. Er kann auf bauliche Art und Weise gegeben sein, d.h. durch Deiche oder Wasserrückhaltebecken. Er kann aber auch nicht – baulicher Art sein. Dies ist der Fall bei der Einrichtung von Beobachtungsnetzen, Warnnetzen.

Sofern ein Ereignis eintritt, müssen Einsatzpläne vorliegen und ausreichend Krisenhelfer ausgebildet sein. Der Staat muss dann den reibungslosen Ablauf der Maßnahmen gewährleisten und nach dem Ereignis die Infrastruktur wieder herstellen.

Nach einem Ereignis kann es außerdem erforderlich sein, dass der Staat die Betroffenen finanziell unterstützt. Das kann durch finanzielle Nothilfen, zinsgünstige Darlehen oder Steuererleichterungen geschehen. So notwendig diese finanzielle Hilfe auch ist, darf sie jedoch nicht dazu führen, dass Einzelne ihre Fehler (z.B. durch mangelnde Vorsorge) durch die Gemeinschaft ausbügeln lassen. Es darf beispielsweise nicht passieren, dass Betroffene, die aus eigenem Verschulden nicht versichert waren, durch die Unterstützung genau so gut gestellt werden, wie diejenigen, die sich versichert haben. Die Folge wäre dann nämlich, dass sich künftig niemand mehr versichern würde und auf die staatliche Unterstützung hoffen würde. Geeignet sind in solchem Fall Darlehen, die in einem vertretbaren Zeitrahmen an den Staat zurückgezahlt werden müssen.

Darüber hinaus ist der Staat verpflichtet, jedermann objektive und richtige Informationen zur Verfügung zu stellen. Dies ist besonders wichtig, da Medien in erster Linie Nachrichten und Informationen verkaufen wollen und daher vor allem den kommerziellen Aspekt berücksichtigen.

Von besonderer Bedeutung ist jedoch die Aufgabe, eine verbindliche und sinnvolle Landnutzungsplanung zu gewährleisten. Dazu gehört es, durch Renaturierungsmaßnahmen an geeigneten Stellen die Hochwassergefahr zu verringern. Die Entscheidung über Landnutzungsbeschränkungen durch Bauverbote ist ebenfalls hierunter zu subsumieren. Dies ist in erster Linie eine kommunale Aufgabe. Bei gemeindeübergreifenden Auswirkungen müssen die entsprechende Entscheidungen auf einer höheren Hierarchiestufe getroffen werden, da man kaum erwarten kann, das eine Gemeinde ihre eigenen Interessen zu Gunsten von Unterliegern zurück stellt (Kron 2001, S. 473).

3.1.2 Betroffene

Die Verantwortung für den Hochwasserschutz muss jedem Einzelnen – zumindest teilweise – übertragen werden (Kron 2001, S. 475). Jeder soll dabei selbst entscheiden können, wie hoch das Risiko ist, das er auf sich nehmen will.

So kann beispielsweise jeder das Risiko vermeiden, ein Überschwemmungsopfer zu werden, indem er ganz einfach nicht in Risikobereichen baut oder indem er sich adäquat und risikoorientiert gegen das Risiko versichert.

Sofern dies nicht der Fall ist, kann jeder Einzelne dennoch das Risiko verringern, indem er sich an die Gefahr anpasst. Dies kann durch bauliche Maßnahmen geschehen, indem bauliche Vorkehrungen gegen das Eindringen von Wasser getroffen werden. Darüber hinaus ist es wichtig auch nicht – bauliche Vorkehrungen zu treffen. Dazu ist es zunächst wichtig, dass sich die potenziellen Opfer ihrer Gefahr bewusst sind und bereits vor einem Ereignis vorbeugend handeln. So kann bereits im Vorfeld der Wert und die Wasserempfindlichkeit von Gütern überprüft werden, damit diese im Ereignisfall schnell entsprechend ihrer Wertigkeit in Sicherheit gebracht werden können. Bei Lagerhaltungen können Risiken und Schäden durch eine Wertesteuerung gering gehalten werden, indem beispielsweise eine vertikale Werteumverteilung vorgenommen wird. Dadurch befinden sich nicht alle Wert gebündelt an einer Stelle sondern an mehren Orten verteilt. Dadurch wird das Risiko eines Totalverlustes vermindert. Wertesteuerung (vertikale Umverteilung bei der Lagerhaltung). Im Ereignisfall ist es sinnvoll, Gegenstände in höhere Stockwerke zu transportieren, wo sie vor den Wassermassen geschützt sind. Außerdem können selbst dann noch Maßnahmen zur Abdichtung von Türen und Fenstern getroffen werden. Lose Gegenstände sollten verankert werden, damit sie nicht wegtreiben oder andere Gegenstände beschädigen. Wichtig ist ebenso eine Stromabschaltung vorzunehmen.

3.1.3 Versicherung

Versicherungen werden in erster Linie nur mit finanzieller Hilfe nach einem Ereignisfall in Verbindung gebracht. Sie sind in der Hauptsache dazu da, solche finanziellen Schäden zu ersetzen, welche die Versicherten substanziell treffen oder gar ruinieren. Dabei sollte aber nicht vergessen werden, dass es sich bei ihnen um keine karitativen Einrichtungen handelt. Sie verteilen die Belastung Einzelner auf die gesamte Versichertengemeinschaft. Diese setzt sich im Idealfall so zusammen, dass es jeden aus dem Versichertenkollektiv (mit unterschiedlicher Wahrscheinlichkeit) treffen kann (Kron 2001, S. 477).

Der Beitrag der Versicherungen geht jedoch weit über den monetären Aspekt hinaus. Die Versicherer erstellen Schadenanalysen und erstellen und pflegen Schadendatenbanken. Die umfassenden statistischen Auswertungen bieten die Möglichkeit auf hohem Niveau Langzeit- und Regionalanalysen zu erstellen. In erster Linie dienen sie sicherlich einer immer besser zu optimierenden Risikokalkulation. Sie können jedoch auch Wissenschaftlern, Ingenieuren und Behörden zur Verfügung gestellt werden.

Durch Schadenanalysen können Einflussfaktoren auf Schäden identifiziert und neue Erkenntnisse gewonnen werden. Dies kann zur Entwicklung spezieller Schutztechniken sowie als Input für die Forschung genutzt werden (Münchener Rück 1997, S. 60).

Risikoinspektionen sind ebenfalls ein Beitrag, den die Versicherungswirtschaft zur Schadenvermeidung bzw. –minderung leistet. Bedeutende Versicherungsobjekte können in der Regel erst nach einer vor – Ort – Besichtigung und nach Prüfung von Unterlagen gegen Überschwemmung versichert werden. Dem Kunden können im Zusammenhang mit dieser Prüfung und dem Einsatz spezialisierter Risikoinspektoren bereits im Vorfeld Hinweise gegeben werden, welche Möglichkeiten er zur Risikovermeidung bzw. –minderung hat.

In eine ähnliche Richtung geht die Aufklärungsarbeit, die durch die Versicherer in Form von Broschüren, Merkblättern und Aufklärungsveranstaltungen geleistet wird.

Ein weiterer wichtiger Aspekt der Tätigkeit der Versicherer ist die Motivierung zur Risikominderung durch finanzielle Anreize. In vielen Branchen ist dies die wirkungsvollste Ma0nahme zur Schadenvorsorge. Die Versicherten erhalten durch eine entsprechende Prämiengestaltung Anreize zur Mitwirkung bei der Schadenreduktion.

Eine wichtige Rolle kommt dabei der Einführung adäquater Selbstbehalte zu. Würde den Versicherten nach einem Ereignisfall der komplette Schaden ersetzt werden, könnten sie sich entspannt zurück lehnen. Das Eigeninteresse an der Schadenvermeidung würde verringert werden und gleichzeitig die Prämien in die Höhe getrieben.

Der Selbstbehalt, den jeder Versicherte selbst tragen muss, kann einerseits als prozentualer Selbstbehalt gestaltet werden. Das bedeutet, dass jeder Betroffene einen bestimmten Prozentsatz seines Schadens selbst trägt. Wirkungsvoller ist ein Selbstbehalt in Höhe eines festen Prozentsatzes der Versicherungssumme.
Dem gegenüber steht die Möglichkeit, einen festen Betrag zu vereinbaren, der im Schadenfall selbst zu tragen ist. Dieser muss natürlich in einem angemessenen Verhältnis zur durchschnittlichen Schadenssumme stehen.
Die beste Variante ist die Kombination einer Abzugsfranchise in Promille der Versicherungssumme zusammen mit einem festen Mindestbehalt. Dadurch kann die Anzahl der entschädigungspflichtigen Schäden und die Höhe der durchschnittlichen Entschädigungs-

summe reduziert werden. Dies hat neben dem risikobewussten Verhalten der Versicherungsnehmer positive Auswirkungen auf die Prämien.

3.2 Erstversicherung

Der Erstversicherer hat die Aufgabe, die technischen Voraussetzungen für die Versicherung der Naturgefahren zu schaffen. Einerseits muss er die Preise so kalkulieren, dass sie der jeweiligen Gefährdung Rechnung tragen.

Darüber hinaus muss er eine Kumulkontrolle durchführen. Diese dient dann wiederum dem Rückversicherer als Kalkulationsgrundlage für seine Prämien.

3.2.1 Tarifierung

Versicherung ist ein Wirtschaftsgut wie jedes andere. Preise und Leistungen richten sich sowohl nach Kalkulationen anhand aktueller und projizierter Schäden als auch nach den Marktgesetzen. Die Privatversicherung kann im Unterschied zu staatlichen Versicherungssystemen, wie z.B. der Sozialversicherung, auf Dauer nur funktionieren, wenn sie risikogerecht tarifiert wird (Kron 2001, S. 481).

Für den Preis der Überschwemmungsversicherung sind die individuellen Risikoverhältnisse von noch größerer Bedeutung, als dies bei anderen Risiken der Fall ist.

Eine risikogerechte Prämie kann nur dann ermittelt werden, wenn der volle Versicherungswert des Objektes zu Grunde gelegt wird.

Aus den unter 3.1.3 genannten Gründen ist sich die Versicherungsbranche weitgehend einig, dass Überschwemmungsversicherungen nur mit einem ausreichend hohen Selbstbehalt des Versicherungsnehmers angeboten werden sollten. Dieser Selbstbehalt sollte mindestens 5 ‰ der Versicherungssumme betragen. Sofern ein Totalschadenrisiko droht, dies ist vor allem bei Inhaltsdeckung der Fall, sind Haftungslimite erforderlich. Diese beginnen bei 10 % der Versicherungssumme (Münchener Rück 1997, S. 64).

Die Tarifierung der Versicherungsprämien kann auf zwei Arten erfolgen. Einerseits können pauschale Beiträge erhoben werden. Andererseits kann die Tarifierung individuell durchgeführt werden.

Bei der Hochwasserversicherung des privaten Sektors (Wohngebäude, Hausrat) kann keine individuelle Gefährdungseinschätzung vorgenommen werden, weil der Aufwand dafür im Vergleich zu der zu erwartenden Prämie zu hoch wäre (Kron 2001, S. 484).

Pauschale Beitragssätze sind jedoch nur unter bestimmten Voraussetzungen vertretbar. Zunächst sollten die Versicherung nur außergewöhnliche Überschwemmungen pauschal tarifieren. Zusätzlich sollte es keine Antiselektion geben. Potenzielle Schäden sollten auf der Vollwertbasis berücksichtigt werden. Darüber hinaus sollte ein Haftungslimit und / oder ein Selbstbehalt mit dem Versicherungsnehmer vereinbart werden. Diese vier Voraussetzungen werden von einem großen Segment des Versicherungsportefeuilles erfüllt. Dabei handelt es sich um unregelmäßig und selten durch Überschwemmungen gefährdete Risiken.

Sollen Objekte versichert werden, die so eingestuft werden, dass sie stark durch Überschwemmungen gefährdet sind, kommt nur eine individuelle Tarifierung in Frage, selbstverständlich nur dann, wenn das Risiko überhaupt noch versicherbar ist. Ebenso ist eine individuelle Risikoabschätzung bei den sog. fakultativen Risiken im Industriebereich vorzuziehen (Kron 2001, S 484).
Für diesen Fall hat jede Versicherung entsprechende Antragsformulare, auf denen Fragen zu den individuellen Risikoverhältnissen enthalten sind. Neben Frage zu eventuellen Vorschäden gehören auch Fragen zur Bauart des Gebäudes und Fragen zur horizontalen und vertikalen Entfernung zu nahe gelegenen Gewässern dazu.
Sofern auch noch eine Inhaltsdeckung, als die Versicherung des Gebäudeinhaltes, erfolgen soll, sind daneben auch Angaben zu der Gebäudehöhe sowie zur Wasserempfindlichkeit der versicherten Güter zu machen.

Zu den risikoabhängigen Tarifbestandteilen werden noch Schwankungszuschläge addiert. Diese sind einerseits der Ausgleich dafür, dass die Wiederkehrperioden und die erwartete Schadensbelastung nur selten statistisch gesichert sind. Andererseits dient der Schwankungszuschlage auch für den Fall, dass in einem Gebiet ein angenommener zeitlicher Risikoausgleich nicht in dem angenommenen Maße erfolgt.

Im folgenden Beispiel (entnommen aus Münchener Rück 1997, S. 65) kann die Ermittlung einer durchschnittlichen Bedarfsprämie nachvollzogen werden. Dabei ist zu beachten, dass es sich um ein stark vereinfachtes Beispiel handelt. In der Realität wird die Berechnung durch Berücksichtigung umfangreicher zusätzlicher Risikofaktoren komplizierter.

Die wesentlichen Parameter für die Ermittlung der Versicherungsprämie sind verbunden mit einem Beispiel nachfolgend dargestellt.

Die Anzahl der Policen (A) gibt den Bestand bzw. den angestrebten Bestand von Versicherungspolicen für ein Gebiet an, bei denen eine Überschwemmungsversicherung eingeschlossen ist. (A = 3.000)

Die Durchschnittsversicherungssumme (VS) ist die Höhe der durchschnittlich versicherten Schäden im Gebiet. (VS = 200.000 €)

Die Eintrittswahrscheinlichkeit (W) ergibt sich aus der für jedes Schadenszenario unterschiedlichen Wiederkehrperiode. (= einmal in 50 Jahren)

Der Durchschnittsschaden (DS) ist der Anteil an der Durchschnittsversicherungssumme der durchschnittlich tatsächlich als Schaden eintritt. (= 3% VS)

Die Schadenfrequenz (SF) gibt an, welcher Anteil der versicherten Objekte bei dem entsprechenden Schadenszenario geschädigt wird. (SF = 20%)

Das Schadenpotenzial (SP) ergibt sich folgendermaßen:

$$SP = A \times SF \times DS = 3.000 \times 20\% \times 6.000€ = 3.600.000€$$

Aus dem Schadenpotenzial kann dann für ein Gebäude und ein Ereignis die Nettobedarfsprämie (P) ermittelt werden:

$$P = SP / A / W = 3.600.000€ / 3.000 / 50 = 24€$$

Diese Werte gelten dann für die jeweilige Region und das betrachtete Portefeuille nur für ein Hochwasser mit 50jährlicher Wiederkehrperiode. Da in längeren Zeiträumen jedoch auch andere Ereignisse auftreten, müssen die zusätzlich auftretenden Schadensszenarien ebenfalls berücksichtigt werden. Erst dadurch kann eine Nettobedarfsprämie für die erwarteten Schäden aus allen Ereignissen mit den jeweils unterschiedlichen Wiederholungszeiten ermittelt werden:

$$SPn = A \times SFn \times DSn$$
$$P = SP1 / A / W1 + SP2 / A / W2 + ... + SPn / A / Wn$$

3.2.2   Kumulkontrolle

Von besonderer Bedeutung für den Erstversicherer und den Rückversicherer ist die sog. Kumulkontrolle.

Für den Erstversicherer ist sie deshalb wichtig, um die Haftung vor und nach der Rückversicherung zu kennen. Dadurch können geschäftspolitische Zielsetzungen und der Rückversicherungsbedarf definiert werden.

Der Rückversicherer benötigt die Kumuldaten seiner Versicherten, der sog. Zedenten, um eine Basis für die Quotierung des Rückversicherungspreises zu haben.

Die Kumuldaten sind die aufaddierten Versicherungssummen zu einem bestimmten Stichtag. Diese werden dabei nach geographischen Merkmalen und anderen qualitativen Risikomerkmalen aufgeteilt. Sie sind die Grundlage für die Kumul – PML – Berechnungen (PML = Probable Maximum Loss = möglicher Totalschaden).

Normalerweise werden die Summen nach Kumulerfassungszonen (Postleitzahlen, Regionen …) unterteilt. Für die Abschätzung des Schadenpotenzials von Überschwemmung ist dies jedoch unzureichend. Die individuelle Art und Lage der Objekte müssten durch sehr spezielle Risikokriterien in die Kumulkontrolle eingehen. Da dies aus administrativen Gründen nur schwer durchführbar ist, sollte bei der Kumulkontrolle für Überschwemmungsrisiken zusätzlich nach dem Gefährdungsgrad des Objektes unterschieden werden.

Der Gefährdungsgrad ergibt sich dabei aus den Informationen über Vorschäden:

- Gefährdungsgrad 1

  Vorschäden in den letzten 10 Jahren (auch in Nachbarschaft)
- Gefährdungsgrad 2

  Objekte ohne Vorschäden weniger al 1km von Gewässer entfernt
- Gefährdungsgrad 3

  Alle übrigen Objekte

Sofern eine Inhaltsdeckungen vorhanden sind, ist zusätzlich eine Unterscheidung nach Schadenanfälligkeit der Objekte vorzunehmen:

- Schadenanfälligkeit A

  wasserempfindliche Gegenstände im Erdgeschoss oder Keller
- Schadenanfälligkeit B

wasserunempfindliche Gegenstände im Erdgeschoss oder Keller
* Schadenanfälligkeit C
  Gegenstände in den oberen Stockwerken

Demzufolge sind Objekte mit der Einteilung 1A am meisten gefährdet und bergen das größte Schadenpotenzial. Demgegenüber sind Objekte der Kategorie 3C am wenigsten gefährdet.

Mindestens zweimal im Jahr sollten die Kumulzahlen erfasst und an den Rückversicherer übermittelt werden.

3.3 Rückversicherung

Rückversicherung ist die Versicherung des Erstversicherers bei einem anderen Versicherer, dem Rückversicherer. Nimmt der Rückversicherer seinerseits Rückversicherungsschutz, so wird dies als Retrozession, und der entsprechende Rückversicherer als Retrozessionar bezeichnet (Lamby 1993, S. 198). Die Aussagen zu den Rückversicherern können somit auch auf die Retrozession von Risiken angewandt werden.

Dem Instrument der Rückversicherung kommt in der Praxis der Versicherung von Elementarrisiken große Bedeutung zu. Je nach geographischer Region werden mindestens 60 -7ß % der versicherten Naturkatastrophenschäden von Rückversicherern bzw. von Rückversicherern und deren Retrozessionaren getragen (Lamby 1993, S 198f.)

Der Grund für die Tätigkeit der Rückversicherer liegt darin, dass die Möglichkeit eines Erstversicherers, Risiken zu übernehmen, begrenzt ist. Dies ist vor allem dann der Fall, wenn der Versicherer nur in einem engen geographischen Raum tätig ist. In solchen Fällen ließe sich das Risiko nicht oder nur ungenügend ausgleichen und großflächig wirkende Gefahren könnten schnell zu einem versicherungstechnischen Größtrisiko werden, dass über die Kapazität des Erstversicherers hinaus geht.
Um sich für solche Fälle zu entlasten, wird sich der Erstversicherer an den Rückversicherungsmarkt wenden.

Der Vorteil eines i.d.R. international tätigen Rückversicherers gegenüber dem Erstversicherer ist, dass er die bei ihm versicherten Risiken global ausgleichen kann. Je mehr Regionen durch ihn bewirtschaftet werden, desto größer ist die Möglichkeit des Risikoausgleichs.

Rückversicherer müssen ihre Rückversicherungsprämien mittel- bis langfristig kalkulieren. Nur dadurch kann neben dem geographischen Ausgleich auch ein zeitlicher Risikoausgleich erfolgen.

Rückversicherer können in den meisten Gebieten ausreichende Kapazität zur Verfügung stellen, wenn den vorher geschilderten Aspekten der Risikopartnerschaft zwischen Staat, Versicherungsnehmer und Versicherer, der Preisgestaltung, der Transparenz und der Haftungslimitierung Rechnung getragen wird.

4 ZÜRS

4.1 Grundlagen

ZÜRS bezeichnet das Zonierungssystem für Überschwemmung, Rückstau und Starkregen des Gesamtverbandes der Deutschen Versicherungswirtschaft (GDV).
Es wurde 2001 neu eingeführt und dient in den Mitgliedsunternehmen der Bearbeitung hochwasserrelevanter Fragestellungen in Betrieb, Vertrieb und Schaden.
Es stellt einen wichtigen Schritt in der Visualisierung von Überschwemmungsszenarien dar.
Allen Versicherungsunternehmen im GDV wird hierdurch ein methodisch vereinheitlichtes, deutschlandweit verfügbares Werkzeug zur Zuordnung von Hochwasserrisiken zu versicherbaren Objekten zur Verfügung gestellt.

4.2 Entwicklung

Seit 1991 fristet die Überschwemmungsversicherung in Deutschland, außer Baden-Württemberg und den neuen Bundesländern das Dasein eines Mauerblümchens. Gründe hierfür liegen zum einen in der Kumulschadenproblematik und dem Antiselektionsproblem und zu m anderen im Fehlen eines flächendeckenden Analysewerkzeugs.

Die extremen Hochwasserereignisse, insbesondere 1997 (Oder) und 1999 (Donau) zeigten die Grenzen der bisherigen Hochwasserschutzstrategien auf und haben die Hochwasserrisiken wieder verstärkt in das Bewusstsein des Staates und der Bevölkerung gebracht. Aus diesem Anlass heraus, wollten die deutschen Versicherer stärker in den Markt für die Teilgefahr Überschwemmungsversicherung mit Rückstau hineingehen.

Als Grundlage für die risikoorientierte Hochwasservorsorge ist die Zonierung der Risiken. Versuche, das Bau- und Wasserrecht für diese Zwecke zu instrumentalisieren, führten nicht zum Ziel. Aus diesem Grund entwickelten die Versicherer ein eigenes wettbewerbsneutrales Zonierungsmodell für den Gesamtmarkt. Dies war unter anderem möglich durch neue Randbedingungen im Bereich der Hard- und Softwareentwicklung. Insbesondere die Entwicklung der GIS – Technologie machte erst Lösungen möglich.

4.3 Datengrundlage

Modelle sind nur so gut einsatzfähig, wie entsprechende Daten zum „Füttern" des Modells verfügbar sind. Die Datengrundlage für ZÜRS sollte aus Daten bestehen, die für das gesamte Untersuchungsgebiet verfügbar sind, mit vertretbarem Arbeitsaufwand erstellt werden können und eine qualitative Konsistenz aufweisen. Aus den folgenden Datenquellen wurden Basisdaten akquiriert:

- Digitale Geländemodelle (DHM 25, DHM50, DHM100)
- Digitales Gewässernetz
- Pegeldaten (hydrologische Daten)
- Digitale Überschwemmungsgrenzen, soweit vorhanden,
- Digitales Straßennetz und Gebäudeinformationen
- Versicherungstechnische Daten

Die Datengrundlage umfasst dabei u.a.:

- rd. 41.000 Flusskilometer
- 356.000 km2 Einzugsgebietsfläche der Strom- und Küstengebiete (Donau, Rhein, Ems, Weser, Elbe, Oder, Nordsee und Ostsee)
- über 18.000 exakt tiefendigitalisierte Stadt-, Gemeinde- und Ortsteilpläne an den betroffenen Flussläufen für alle Orte über 5.000 bzw. 2.000 EW
- Hausnummernsystematik an den betroffenen Straßenabschnitten
- über 10.000.000 versicherungstechnische Gebäudefachdaten.

4.4 Funktionsweise

Die Basistechnologie von ZÜRS ist ein GIS. Dadurch wird eine geometrische Zuordnung und Kennzeichnung von Risikoorten ermöglicht.

Zunächst wird das Höhenmodell mit dem Flussnetzmodell verschnitten. Daraus entsteht ein Landschaftsmodell mit Flussläufen 1., 2. und zum Teil 3. Ordnung. Anschließend erfolgt die hydrologische und hydraulische Berechnung der Hochwasserstände.

Die Berechnung der Überschwemmungsbreiten erfolgt auf der Basis der Wasserspiegelberechnung in Abhängigkeit von Talprofil, Längsgefälle, Rauhigkeitsbeiwert und HQ (Müller, S. 4). Die Plausibilitätsprüfung und Korrektur der Überschwemmungsflächen erfolgte durch Abstimmung mit den örtlich für die Wasserwirtschaft zuständigen Dienststellen.

Auf der Basis der Erfahrungen der letzten 100 Jahre wurde dann ein 3 – Zonen – Modell mit den Überflutungswahrscheinlichkeiten erstellt. ZÜRS unterscheidet dabei zwischen den folgenden drei Gefährdungszonen:

- Zone I („gering gefährdet"): Gebiete, die im Durchschnitt seltener als einmal in 50 Jahren überschwemmt werden
- Zone II („mäßig gefährdet"): Gebiete, die im Durchschnitt zwischen einmal in 10 und einmal in 50 Jahren überschwemmt werden
- Zone III („hoch gefährdet"): Gebiete, die im Durchschnitt mindestens einmal in 10 Jahren überschwemmt werden (Objekte in dieser Zone sind grundsätzlich nicht versicherbar; Einzeluntersuchungen werden empfohlen)

(Münchener Rück 2003, S. 24)

Maßgebend für die Abgrenzung dieser Zonen war keine PML – Bewertung von dicht besiedelten Gebieten, was nahe gelegen hätte, sondern vielmehr die einfache Plausibilitätserwägung, dass die besonders gefährdeten Gebiete mit hoher Schadenfrequenz und vermuteter Kumulgefahr einer besonderen Abgrenzung bedürfen (Pohlhausen, S. 465)

Die so entstandenen Überschwemmungsflächen werden mit dem Kreisgemeindeschlüssel KSG16 verschnitten. Dieser ist noch unterhalb der Postleitzahlenebene angesiedelt und ermöglicht dadurch eine sehr fein unterteilte Risikoanalyse, teilweise im Bereich von unterschiedlichen Hausnummern.

Durch ZÜRS werden allerdings keine Schutzvorkehrungen berücksichtigt, die von Menschen errichtet wurden. Dies hat zur Folge, dass Flächen als höher gefährdet eingestuft werden, als es tatsächlich der Fall ist (Pohlhausen, S. 465)

ZÜRS versetzt die Versicherer in die Lage, auf verantwortungsvoller Basis ca. 90 % der in Deutschland vorhanden Risiken Versicherungsschutz gegen Überschwemmungen zu gewähren.

5 Andere Länder

In diesem Abschnitt soll ein kurzer Überblick über die Praxis der Versicherung von Überschwemmung in andern Ländern gegeben werden.

5.1 USA

In den USA erfolgt die Versicherung durch einen bundesstaatliche Pool im Rahmen des National Flood Insurance Programm. Versicherungsnehmer können sich entweder unmittelbar bei staatlichen Stellen oder mittelbar bei der privaten Versicherungswirtschaft versichern. Die private Versicherungswirtschaft gibt einen Großteil der Überschwemmungsprämie an den bundesstaatlichen Pool ab. Entschädigungen werden ausschließlich aus dem Versicherungspool geleistet.

Die Industrie kann auch außerhalb des Pools versichert werden.

5.2 Frankreich

Die Versicherung gegen Überschwemmungen erfolgt in Frankreich durch die private Versicherungswirtschaft. Dazu gehört ebenfalls die Schadenregulierung und –zahlung. Es wird allerdings ein durch den Staat vorgeschriebener Prämienzuschlag erhoben.

Die Überschwemmungsversicherung ist Teil der Versicherung gegen Naturkatastrophen. Diese Versicherung gegen Naturkatastrophen muss zwingend abgeschlossen werden, wenn jemand eine freiwillige Feuerversicherung abschließt.

Durch die Regierung kann ein Überschwemmungsereignis zur Catastrophe naturelle („Cat Nat") erklärt werden. In diesem Fall erfolgt im Wege des Rückversicherungsausgleichs die Zahlung im Wesentlichen durch die staatliche Caisse centrale de réassurance. Diese wird durch den genannten Prämienzuschlag finanziert und ist der Hauptrückversicherer von „Cat Nat" – Risiken.

5.3 Spanien

In Spanien existiert ein öffentlich – rechtlicher Versicherungsfonds „Consorcio de Compensación de Seguros". Private Versicherer schließen die Versicherungen ab, melden dem Fonds die versicherten Risiken und führen einen bestimmten Prämienanteil an den Versicherungsfonds ab.

Die Privaten regulieren ebenso die Schäden. Die Regulierung erfolgt jedoch aus den Fondsmitteln.

5.4 Schweiz

In der Schweiz ist die Überschwemmungsversicherung von Kanton zu Kanton unterschiedlich geregelt. Es gibt drei Ausprägungen, die unterschieden werden können:

- Pflicht- und Monopolversicherung,
- Pflichtversicherung ohne Monopolversicherung,
- Versicherung mit autonomen Angebots- und Nachfrageentscheidungen.

Trotz der unterschiedlichen Organisationsformen, gibt es im angebotenen Versicherungsschutz kaum Unterschiede. Allen drei Formen ist gemein, dass die Überschwemmungsversicherung zusammen mit anderen Elementargefahren untrennbar mit der Feuerversicherung zu einem Versicherungspaket zusammengefasst ist.

Der homogene Versicherungsschutz ist nur durch die Unterbindung des Wettbewerbs unter den Anbietern möglich, entweder durch das Monopol oder durch den engen Zusammenschluss der Anbieter in einem Versicherungspool. Die Poolmitglieder bringen ihre Risiken in den Pool ein und teilen das Ergebnis nach einem festgelegten Schlüssel am Periodenende untereinander auf.

Die privaten Versicherer tragen 15% der Einzelschäden selbst. 85 % erhalten sie aus dem gemeinsamen Versicherungspool.

6 Zusammenfassung

Versicherungsschutz ist nur im engen Zusammenspiel von Betroffenen, Staat und Versicherungswirtschaft möglich.

Der Mensch muss sich beim Ausbreiten der Siedlungsräume in gefährdete Gebiete des damit verbunden Risikos bewusst sein. Denn ein Naturereignis wird erst durch den Menschen zur Naturkatastrophe.

Ein Risikoausschluss, d.h. völlige Sicherheit wird nie möglich sein.

Quellen

EBEL, ULRICH: „Klient" Hochwasser – (k)ein Fall für die Versicherungswirtschaft?. In: IMMENDORF, RALF [HRSG.] (1997): Hochwasser: Natur im Überfluss?. Heidelberg.

EGLI, THOMAS: Raumorientiertes Gefahren- und Risikomanagement – Methodische Grundlagen und Erfahrungen aus der Schweiz. In: KARL, HELMUT U. JÜRGEN POHL [HRSG.] (2003): Raumorientiertes Risikomanagement in Technik und Umwelt. Hannover.

HECHT, DIETER: Die räumliche Ausbreitung von Risiken. In: KARL, HELMUT U. JÜRGEN POHL [HRSG.] (2003): Raumorientiertes Risikomanagement in Technik und Umwelt. Hannover.

KRON, WOLFGANG: Hochwasserrisiko und Überschwemmungsvorsorge in Flussauen. In: KARL, HELMUT U. JÜRGEN POHL [HRSG.] (2003): Raumorientiertes Risikomanagement in Technik und Umwelt. Hannover.

KRON, WOLFGANG: Versicherung von Hochwasserschäden. In: Patt, Heinz [Hrsg.] (2001): Hochwasser – Handbuch: Auswirkungen und Schutz. Berlin u.a..

LAMBY, CHRISTOPH (1993): Elementarrisiken und ihre marktwirtschaftliche Versicherung: unter besonderer Berücksichtigung der Risiken Erdbeben, Überschwemmung und Sturm in der Gebäudeversicherung. Köln.

LESER, HELMUT [HRSG.] (1997): Diercke – Wörterbuch Allgemeine Geographie. München. Braunschweig.

LIETZAU (2001): "Risikovorsorge gegen Überschwemmungsschäden, das Zonierungssystem der deutschen Versicherungswirtschaft"; Neues Archiv 2/2001.

MERGERD, WOLFGANG: Versicherung von Überschwemmungen- und Hochwasserrisiken. In: Niedersächsische Akademie der Geowissenschaften – Veröffentlichungen (1998): Hochwasser- und Küstenschutz. Hannover.

MÜLLER, MANFRED: Geodaten im Risikomanagement – Zonierungssysteme bei der Deutschen Versicherungswirtschaft (GDV). In:
http://www.mplusm.at/ifg/download/Mueller.pdf

MÜNCHENER RÜCKVERSICHERUNGS-GESELLSCHAFT [HRSG.]:
Schadenspiegel, 46. Jg., Heft 3. München.
topics – Naturkatastrophen 1999, 7. Jg. München.
topics – Naturkatastrophen 2000, 8. Jg. München.
topics – Naturkatastrophen 2002, 10. Jg. München.

Überschwemmung und Versicherung. 1997. München.

Weltkarte der Naturgefahren. 1998. München.

POHLHAUSEN, ROBERT: Gedanken zur Überschwemmungsversicherung in Deutschland. In: Zeitschrift für die gesamte Versicherungswirtschaft 2-3/1999.

R+V VERSICHERUNG [HRSG.]: Zwischen 11. September und Elbehochwasser – Vom Umgang der Versicherung mit Katastrophen. 2003. Wiesbaden.

http://business.allianz.de/versicherung/immobilien/geo-info-system/

http://imkhp2.physik.uni-karlsruhe.de/~kunz/HW99/oekonomie.html

http://www.ageo.at/aktuelles/archiv/katastrophen_20112003/hlatky.pdf

http://www.bzs.bund.de/bzsinfo/broschur/zsforschung/band_51.pdf

http://www.dkkv.org/upload/Handbuch-B8.pdf

http://www.ecologic-events.de/floods2003/de/documents/FloodsBackgroundPaper.PDF

http://www.ftd.de/ub/fi/1048931522508.html?nv=rs

http://www.gdv.de

http://www.gdv.de/verbraucherservice/18354.htm

http://www.glowa-elbe.de/presse/flut/02_08_21ftd4.pdf

http://www.lvssachsen.de/html_1/06_03_25_07a.htm

http://www.rtg.bv.tum.de/index.php/article/articleview/67/1/49/

http://www.ruv.de/download/presse/pdf/haller-vortrag.pdf

http://www.versicherungsnetz.de/news/Meldung.asp?Meldung=2553

http://www.welt.de/data/2003/12/27/214642.html?prx=1

Der Zugriff auf das Internet erfolgte letztmalig am 20.06.2004.